CONSIDÉRATIONS

SUR

LE MAGNÉTISME ANIMAL,

dédiées à la

SOCIÉTÉ D'ÉMULATION DES VOSGES.

ÉPINAL,

DE L'IMPRIMERIE DE Vᵉ GLEY.

1849.

CONSIDÉRATIONS

SUR

LE MAGNÉTISME ANIMAL[1].

I.

L'auteur de cet opuscule n'est ni un littérateur, ni un savant; ni un philosophe, ni un physiologiste; mais à en juger par la facilité et l'indulgence du public, il n'est pas nécessaire d'être décoré de ces titres pompeux pour que l'on ose confier à la presse ses pensées, ses réflexions, bonnes ou mauvaises. Téméraire ou non, il va entreprendre d'écrire quelques lignes sur un sujet qui a déjà occupé beaucoup d'hommes éclairés, provoqué d'innombrables expériences, fourni matière à de profondes dissertations, excité de vives controverses, soulevé d'ardentes passions, sans que tant d'efforts aient pu aboutir à quelque solution

(1) Cette brochure est formée d'une série d'articles publiés vers la fin de 1842 dans un journal de département.

incontestée et définitive d'un problème physiologique que ceux-ci ont repoussé dédaigneusement, que ceux-là ont prétendu avoir résolu, que d'autres enfin, peu satisfaits et du dédain des premiers et de la présomption des derniers, ont constamment et en vain ramené sur le terrain de la discussion.

Si du moins l'on pouvait dire que les phénomènes du magnétisme animal se passent dans un monde, dans une sphère d'idées et de faits que la limite infranchissable imposée à nos sens ne nous permet plus d'atteindre! Mais, dans le magnétisme, nous voyons, nous entendons, nous touchons ces phénomènes; ils nous frappent par tous les points de chacun de nos sens; et notre intelligence qui, d'un vol audacieux, s'élance dans l'espace et va découvrir, par-delà des milliards de lieues, les lois physiques, l'ordre admirable de l'univers; notre intelligence n'a pu encore trouver la raison précise des faits magnétiques avec lesquels depuis si longtemps elle se débat, irritée et confuse de son impuissance.

O lecteur, si l'auteur confesse en même temps et la difficulté du sujet et son peu de lumières, n'exigez pas de lui plus qu'il ne peut vous donner; n'en attendez pas ce que de plus forts n'ont pu faire, une théorie rationnelle et très-satisfaisamment explicative de ces faits. L'objet qu'il se propose est plus modeste; il ne songe qu'à vous raconter les faits dont il a été le témoin impartial, puis à vous placer avec lui à un point de vue d'où l'on puisse s'expliquer l'anomalie des fonctions physiologiques des organes, distinguer ce qui est possible de ce qui est impossible, et offrir ainsi aux incrédules comme aux gens confiants un *criterium* propre à se fixer sur le mérite et la portée du magnétisme.

Avant d'entrer en matière, nous prévenons ceux qui se seraient occupés tout spécialement du magnétisme animal, que nous sommes fort peu au courant du langage de convention de ses partisans, et que, par conséquent, nous nous servirons très-certainement d'expressions qui, à leurs yeux, sont devenues impropres ou représentent des idées fausses. Ainsi nous dirons indistinctement somnambulisme artificiel ou magnétisme, somnambule ou magnétisé, sommeil magnétique ou état magnétique, état de veille ou état normal. La synonymie n'a pas été créée par nous; et comme nous ne faisons pas ici un traité, nous voulons ne pas trancher toutes les questions qui se rattacheraient à une distinction entre ces diverses expressions. Dans ce coup-d'œil général sur les phénomènes anormaux, et selon nous fort analogues, que présentent le somnambulisme et le magnétisme animal, l'essentiel est que nous soyons compris en exposant comment nous nous sommes rendu compte du jeu irrégulier des organes pendant que s'accomplit un phénomène magnétique. D'ailleurs la science du magnétisme (si toutefois on peut déjà se servir de ce mot) est encore trop incomplète, trop peu formulée pour que son langage soit précis.

Et d'abord le magnétisme existe-t-il ?

En d'autres termes, est-il bien certain qu'il existe un ordre de phénomènes physiologiques tellement exceptionnels, tellement en dehors des conditions ordinaires de nos rapports avec les agents externes, qu'ils impliquent une modification dans les fonctions de nos organes, notamment du système nerveux ? que ces phénomènes ne se présentent que dans le somnambulisme naturel ou artificiel, et disparaissent du moment où la vie normale reprend son cours ?

A une question ainsi posée, nous verrons plus bas qu'on est forcé par l'évidence de répondre affirmativement.

Mais quelle est la portée de ces phénomènes ?

L'homme soumis à l'action du magnétisme peut-il devenir un être dont les facultés démesurément agrandies embrassent tout, perçoivent tout, découvrent la liaison logique de tous les effets et de leurs causes, et le placent dans une région fort supérieure à celle où vit son semblable considéré dans l'état de veille ? En d'autres termes, le magnétisme crée-t-il des rapports nouveaux et bien plus nombreux entre l'homme et les êtres extérieurs, entre le moi et le non-moi ? ou bien ne fait-il que modifier et présenter sous une nouvelle face les seuls rapports que la nature de notre organisation nous permette d'établir soit avec le monde extérieur, soit même entre les diverses régions du moi corporel ?

A cette seconde question se présentent les difficultés. D'une part affluent les affirmations avec un immense cortége d'expériences plus ou moins concluantes, d'inductions plus ou moins droites et logiques, de discussions dans lesquelles le jugement et l'imagination, la science et l'ignorance, le discernement et l'aveugle confiance, la bonne foi et le mensonge, le calme et la passion apportent confusément leur tribut empressé. D'autre part surgissent les dénégations qui infirment les faits, renversent les théories, et, s'attachant surtout aux folles erreurs ou aux jongleries de partisans aveugles ou d'exploiteurs du magnétisme, attaquent celui-ci avec un sarcasme amer ou un mépris superbe.

Dans ce conflit ardent d'opinions contraires, dans ce dédale de sentiers tracés par les uns, puis effacés par les autres, quelle route suivre ? Où trouver la droite voie qui conduira au but cherché, la vérité ? L'auteur de ces lignes vous a déjà prévenus, lecteurs curieux du vrai, qu'il ne prétendait pas vous l'indiquer. A ce que vous savez déjà, ajoutez ce qu'il vous racontera pour l'avoir vu de ses propres yeux, et bien vu, sans prévention d'aucune sorte; puis, adoptant ou non les explications au moyen desquelles il a cherché à se rendre raison de ces faits, et qu'il vous communiquera, vous vous en tiendrez au sentiment qui satisfera davantage à votre bon sens.

Revenons donc à la première question ci-dessus posée : le magnétisme existe-t-il ?

Avant d'appuyer sur des faits positifs et irrécusables notre réponse affirmative, disons quelques mots de ce sommeil anormal résultant d'un trouble accidentel de l'organisme, soit qu'il provienne d'une cause morbide, comme dans le somnambulisme proprement dit, soit qu'il ait été obtenu artificiellement par une certaine action de l'homme sur son semblable, comme dans cet ordre de phénomènes qu'on a appelé du nom de *Magnétisme animal*.

Somnambulisme naturel.

Il n'est personne qui n'ait entendu parler du somnambulisme et des singuliers phénomènes qu'il présente. Il est constant que le somnambule marche, parle, converse, écrit, fait de la musique, s'occupe de choses qui exigent et des efforts musculaires et des actes intellectuels; que ce qu'il fait alors dénote une force, une adresse et une application d'esprit souvent fort supérieures à celles dont il est capable dans l'état de veille. Toute son activité d'esprit s'exerce exclusivement dans un certain ordre d'idées, tout spécial. Il semble ne mettre en jeu qu'une portion de son intelligence qui, dans cette spécialité, s'élève au-dessus des limites qui lui ont été fixées pour la vie normale. Il montre en effet un coup-d'œil sûr, des aperçus neufs et sains, des combinaisons ingénieuses et bien liées, lors même que, sur le même sujet, toutes ses facultés mises en œuvre n'ont pu, pendant la veille, produire le résultat cherché avec effort et persévérance. En un mot le nombre des rapports avec les objets extérieurs s'est affaibli, mais chacun individuellement de ceux qui ont persisté paraît s'être agrandi. On dirait, pour parler ici le langage des phrénologistes, que, au moment où s'accomplit une des réactions de l'encéphale, l'excitation, au lieu de s'éparpiller, comme pendant la veille, sur tout le système nerveux central, se localise sur de certains organes cérébraux, correspondants aux actes musculaires et intellectuels observés, et se transforme par sa concentration en une surexcitation qui accroît leur énergie en raison même du repos des organes voisins.

Notons ici que tous les somnambules ne jouissent pas, à beaucoup près, d'une assez grande lucidité pour produire, à un degré aussi remarquable, les phénomènes dont nous venons de parler. C'en est assez qu'un certain nombre d'entre eux ait bien réellement fourni le sujet de ces observations.

Il n'entre pas dans notre cadre restreint de mentionner ici des faits particuliers de somnambulisme naturel. Leur nombre et leurs variétés sont presque infinis. Nous venons de les résumer en un tableau général qui suffit à l'objet que nous nous sommes proposé.

Le somnambulisme naturel, produit accidentellement par l'influence d'excitants internes ou externes, est donc un fait constant et incontestable.

Somnambulisme artificiel ou magnétisme animal.

Il n'est pas moins constant aussi (les faits rapportés plus bas le prouveront surabondamment) que l'influence de l'homme sur son semblable peut déterminer un état physiologique tel que les fonctions des organes nerveux se trouvent modifiées de la même manière que dans le somnambulisme naturel, et qu'il en résulte les mêmes effets anormaux.

Cette influence de l'homme et ses effets extraordinaires étaient déjà, on le présume avec raison, connus des anciens, comme le prouveraient tant de monuments historiques qui nous ont conservé le souvenir de ces extatiques des deux sexes qui prétendaient conjurer les êtres malfaisants, évoquer les ombres des morts, proclamer les arrêts du destin, exhumer de l'oubli un passé fort ancien, et prophétiser l'avenir. On sait que la pythie de Delphes, avant de rendre ses oracles, s'agitait sur son siége, en proie à des mouvements convulsifs qui jetaient la terreur dans l'esprit de ceux qui venaient la consulter, semblable alors aux crisiaques qui entrent en accès d'épilepsie, de catalepsie, d'hystérie ou de sommeil magnétique. Les procédés employés pour amener les crises nous sont restés inconnus, et Mesmer, l'inventeur du magnétisme animal, ou plutôt le restaurateur du somnambulisme artificiel, n'y arriva qu'après y avoir été conduit par d'autres pratiques qui consistaient à employer l'influence toute physique d'êtres inanimés. On sait en effet qu'à l'époque où l'on attribuait tant de vertus merveilleuses à l'aimant, on l'employa de toutes manières à guérir toutes sortes d'affections. Des barres, des anneaux aimantés passaient pour de vraies panacées. Mesmer en fit répandre à profusion dans une grande partie de l'Europe. La foi dans l'efficacité de l'agent thérapeutique produisit en effet la guérison dans quelques cas, ce qui ne surprendra pas ceux qui connaissent l'histoire des cures mentales et les effets prodigieux de la réaction du cerveau sur l'organisme. Mais plus tard Mesmer crut reconnaître que l'agent existait moins dans la barre aimantée que dans un principe particulier qu'il décora du nom de *fluide magnétique*, et qu'il dit être répandu dans tout l'univers, *où son action mutuelle par flux et reflux sur tous les corps, disposée selon les pôles de l'aimant, réglait leurs mouvements, leurs affinités, leurs répulsions;* et, bien qu'il ne renonçât pas à ses anciennes pratiques, il magnétisa dès lors surtout par le regard et l'application des doigts sur les hypocondres et vers l'hypogastre. Ses successeurs se bornèrent à l'action directe du magnétiseur, action qu'ils variaient sous une foule de formes. Aujourd'hui les magnétiseurs, selon la disposition et la facilité du sujet, endorment du sommeil magnétique soit par un simple acte de leur volonté exprimée par un regard fixe et sévère, soit en imposant les mains à peu de distance au - dessus de la région occipitale, puis vers l'épigastre, soit en tenant et pressant légèrement le pouce de chaque main du sujet et en fixant ses yeux, soit en imposant les mains au-dessus de la tête et les glissant légèrement le long des bras, puis en répétant la même opération à partir de l'épigastre jusque vers les pieds.

Nous avons eu personnellement occasion de juger par nos yeux de cette influence de l'homme sur son semblable, et des phénomènes de somnambulisme artificiel qu'elle détermine, en assistant, dans le cours de cet été (1), à plusieurs séances données à Vichy, en présence d'un auditoire nombreux et composé en grande partie de personnes que leur position sociale devait faire supposer instruites, par deux docteurs en médecine devenus magnétiseurs de profession, et qui, il faut en convenir, faisait du magnétisme plutôt un objet de spéculation d'argent qu'une pure affaire de science. C'est dire aussi que le spectateur était porté à tout examiner de bien près et avec des yeux défiants. Aussi les investigations minutieuses, l'attention la plus soutenue, les précautions poussées jusqu'à l'injure pour la bonne foi des magnétiseurs, rien n'a manqué

(1) Août 1842.

comme garantie contre toute supercherie. Nous allons rapporter fidèlement les principales expériences dont nous avons été témoin, surtout celles qui ont le mieux réussi.

II.

Le sujet était une jeune fille d'une complexion assez débile, d'un tempérament lymphatique, au teint pâle, aux yeux ternes et fatigués; sa physionomie portait l'empreinte d'une certaine mélancolie habituelle. Le magnétiseur opérant, elle témoignait de l'invasion du sommeil magnétique par quelques mouvements convulsifs suivis d'une respiration entrecoupée et haletante, de pandiculations et de prostration. Ces symptômes disparaissaient aussitôt que le sommeil magnétique était complet. La somnambule avait alors les yeux fermés, était complétement sourde et dépourvue de sensibilité.

Par le fait même de la magnétisation, le magnétiseur se trouvait vis-à-vis de la somnambule dans un certain état de relation qu'on appelle rapport magnétique. Seul il en était entendu et compris, seul il avait action sur elle. Cette action pouvait néanmoins être transmise à quiconque, agréé par lui, allait s'établir en rapport magnétique avec la somnambule, en lui prenant les mains ou la touchant par une partie quelconque du corps.

C'est à partir de ce moment que commencèrent les phénomènes extraordinaires qui caractérisent le sommeil magnétique. Nous prévenons toutefois le lecteur dont l'ardente imagination lui peindrait déjà les merveilleux et sublimes effets du magnétisme animal, annoncés par quelques-uns de ses partisans enthousiastes, tels que la science infuse, la divination, la vision à de grandes distances malgré l'interposition de corps opaques, les formules pharmaceutiques appropriées aux maladies incurables, etc., etc.; que nous n'avons pas été assez favorisé pour jouir du spectacle de ces merveilles, et que, jusqu'à preuve contraire, nous croirons devoir les reléguer parmi les contes bleus et les intéressantes fictions des Mille et une Nuits. C'est déjà bien assez, selon nous, que d'avoir à nous rendre compte de ce que nous avons vu.

Nous croyons devoir diviser ces faits en deux ordres que nous caractérisons de la manière suivante :

(A) Phénomènes de transmission de la volonté, du magnétiseur au magnétisé, sans l'intermédiaire de la parole ni des signes.

(B) Phénomènes de rapports entre le magnétisé et les agents externes inanimés.

Quant aux phénomènes de transmission de la volonté, voici ce que nous avons vu.

La somnambule était assise sur une estrade, immobile, les bras posés sur les cuisses, la face tournée vers le milieu de la salle, fixée par les yeux avides des spectateurs placés en face d'elle et sur ses côtés, tandis que le magnétiseur se tenait de bout à quelques pas derrière elle.

Annonçait-il qu'il allait rappeler la sensibilité sur un organe, sur un certain côté du corps, ou le rendre rigide comme dans la catalepsie, souple et sans ressort comme dans la paralysie? Aussitôt de petits cartons blancs étaient distribués aux spectateurs qui désiraient y inscrire au crayon l'organe qui devait devenir le siége du phénomène; puis le magnétiseur fixant de sa position, l'organe silencieusement désigné, obtenait l'effet demandé dans le billet, et *voulu* par lui. Tous les moyens de vérifier étaient admis.

Voici un fait de transmission de volonté que les plus défiants parmi les spectateurs les plus prévenus contre le magnétisme, ont été forcés d'admettre sans objection. Un spectateur, pris parmi ces derniers, fut prié d'aller se placer derrière le magnétiseur. Il devait, pendant que la somnambule chantait un air, indiquer par une légère pression de la main sur l'épaule de celui-ci, le moment où le chant s'arrêterait ou continuerait. A l'instant même de la pression le magnétiseur ordonnait mentalement à la somnambule, qui lui tournait le dos, de s'arrêter, et l'ordre était si promptement exécuté, que quelquefois le chant s'interrompait au milieu d'un mot. La pression cessant, le chant recommençait; puis sur une nouvelle indication, il s'interrompait ou continuait de nouveau, et ainsi de suite indéfiniment. Le compérage ne pouvait pas avoir lieu dans ce cas. On fut encore moins en droit de le supposer, quand on vit le magnétiseur prier un autre spectateur dont le pyrrhonisme et l'impartialité nous étaient connus, de le remplacer pour exercer seul la même action sur la volonté et les organes tout passifs de la somnambule, mise préalablement en rapport magnétique avec lui. De l'aveu de l'expérimentateur, la suspension et la continuation du chant eurent lieu immédiatement chaque fois qu'il le *voulut*.

Avec les mêmes indications de la part des spectateurs, et les mêmes expressions mentales de la volonté de la part du magnétiseur, quelquefois aussi de la part d'un spectateur, on obtint de la somnambule qu'elle exécutât des mouvements alternatifs de progression et de rétrogradation, qu'elle se prosternât à genoux, plaçât tel bras dans telle position, etc.

Voici d'autres expériences moins simples. Cinq lumières, ou un plus grand nombre, sont placées sur une table. Un spectateur prie le magnétiseur, dans un billet écrit, d'ordonner mentalement à la somnambule d'aller prendre telle et telle autre lumières, indiquées toutes deux dans ce billet, selon l'ordre où elles ont été rangées; de les apporter sur le bord de l'estrade, d'éteindre celle des deux qui est désignée, puis de la rallumer et de les reporter chacune à sa place. Le magnétiseur lit le billet, se pénètre bien de ce qui lui est demandé; puis s'adressant à la somnambule, lui dit : « Pr..... » tu sens ce que je veux, va le faire. » La somnambule se lève de sa chaise, se rend lentement vers la table les yeux fermés, et tandis que le magnétiseur, immobile à quelques pas derrière elle, la fixe constamment d'un regard terrifiant, elle cherche avec effort, reconnaît et prend les lumières, puis vient remplir en tous points le programme proposé. Cette expérience a été variée de plusieurs manières, soit avec les mêmes lumières, soit avec d'autres objets placés sur la même table, et toujours avec assez de succès.

Un assistant confie une clef qui est remise entre les mains de la somnambule; il indique en même temps laquelle des deux extrémités doit devenir pour la somnambule glaciale ou brûlante. Par l'effet de la volonté du magnétiseur, elle ressent aussitôt ces impressions.

Un autre assistant vient prendre la somnambule par la main et la promène autour de l'estrade. Pendant cette promenade, diverses personnes adressent au magnétiseur des cartes sur lesquelles ils désignent quel sol elle doit fouler, quels obstacles elle doit rencontrer. Tour à tour l'un demande que le sol soit un pré, un autre, une allée de jardin, un autre, un terrain pierreux et inégal, un autre, une lave brûlante, un autre, un terrain marécageux ; ou bien une flamme ardente s'élève devant ses pas, ou bien un précipice effrayant apparaît tout à coup et menace de l'engloutir. A la question que lui adresse son cavalier sur ce qu'elle foule, sur ce qu'elle rencontre, la somnambule désigne l'espèce de sol, d'obstacle; elle répond qu'elle est dans un pré, sur une route, qu'elle marche sur des pierres qui lui coupent les pieds, qu'elle enfonce dans la vase, qu'elle se brûle les pieds, comme si elle marchait sur des charbons ardents; qu'un feu immense va la consumer; que si elle avance encore, elle va tomber dans un précipice.

La somnambule est assise et tient un verre d'eau. Des cartes désignent au magnétiseur quelle doit être la sapidité du liquide. On demande successivement que le liquide soit du vin, du lait, de l'eau sucrée, du vinaigre, etc.; qu'il soit chaud, qu'il soit froid. Aussitôt la volonté du magnétiseur communique et le goût et la température demandés.

Nous nous bornons à ces expériences qui ont réussi, pour établir la vérité de ce fait : que dans le somnambulisme artificiel, la volonté peut être transmise sans l'intermédiaire de la parole ni des signes, de telle sorte que le magnétisé, toujours soumis à une obéissance toute passive, ne paraît plus que l'instrument d'une volonté étrangère, mentalement exprimée.

Quant aux phénomènes de rapport avec les agents externes inanimés, nous nous contenterons de rapporter seulement les deux expériences suivantes, toutes les autres nous ayant semblé avoir trop d'analogie avec les tours des jongleurs.

Une montre est placée derrière la tête de la somnambule qui désigne l'heure marquée. Le magnétiseur vérifie en présence de l'assemblée : l'heure annoncée est exacte.

La somnambule se place à une table de jeu. Un masque en carton noir, visité par l'assemblée, couvre sa figure. Des schals et des foulards sont en outre jetés par dessus sa tête. La vision est devenue absolument impossible. Le magnétiseur lui ordonne de jouer à l'écarté avec un des assistants prié de venir tenir sa partie, puis il se retire. Le jeu s'accomplit comme entre deux joueurs placés dans des conditions ordinaires.

Rappelons encore une circonstance importante. L'auditoire était nombreux, comptait beaucoup de gens d'un mérite réel, et se trouvait presque entièrement composé de sceptiques qui, chacun à leur tour, adressaient une carte et observaient attentivement si la somnambule exécutait ce qu'ils y avaient demandé, si la supercherie était possible.

Nous aurions ardemment désiré de pouvoir être en outre témoin de quelques-uns de ces effets vraiment merveilleux que les magnétistes enthousiastes prêtent aux somnambules les plus lucides. Nous aurions voulu quelques expériences qui prouvassent que, comme on le prétend, les somnambules aperçoivent ce que renferment les entrailles de la terre, assistent, pour ainsi dire aux scènes intimes qui se passent à de grandes distances sous le toit domestique de leurs parents, de leurs amis, et même d'étrangers connus seulement de ceux qui les questionnent; qu'ils découvrent la cause, la nature et le siége des affections des malades qui les consultent, et leur prescrivent des remèdes d'une efficacité certaine; qu'ils conversent avec ceux qui leur parlent une langue inconnue; que, doués au plus haut degré de la faculté d'enchaîner logiquement les effets et les causes, ils prophétisent pour un avenir prochain ou éloigné. Mais, encore une fois, les magnétiseurs ne nous ont pas procuré cette satisfaction.

Aussi, quant à la possibilité de ces prodiges, croyons-nous pouvoir conserver notre ancien pyrrhonisme. Non pas cependant que nous voulions les infirmer d'une manière trop absolue; car nous ne savons pas, et personne ne sait plus que nous, jusqu'où peut s'étendre l'action de l'intelligence de l'homme sur le monde extérieur, et *vice versâ*. Ce qui est miracle à une époque paraît plus tard l'accomplissement fort simple et très-régulier d'une loi naturelle, que jusque-là la science de l'homme n'avait pas encore reconnue et enregistrée dans ses archives. Nous expliquerons d'ailleurs plus bas le sens qu'on doit attacher au mot prodige, et comment on peut distinguer ce qui, à la rigueur, serait encore admis comme possible, de ce qui est radicalement impossible.

Ainsi, quant à tout ce qui s'élèverait fort au-dessus de la portée des faits que nous venons de rapporter, pour nous montrer tel que nous sommes, disons que nous ne sommes ni un adepte, ni un adversaire du magnétisme. Nous sommes dans cette situation complexe de doute et d'étonnement, de calme et de saisissement, qui suit une impression assez vive et forte pour avoir pu exalter l'imagination, mais trop courte et trop incomplète pour avoir pu s'emparer du jugement et déterminer une conviction dans un sens ou dans un autre. Cette disposition d'esprit nous semble la condition la plus favorable pour apprécier sainement les phénomènes nouveaux qui peuvent apparaître à quiconque a déjà été témoin des effets extraordinaires du magnétisme animal.

Viennent donc pour nous de ces faits qui confondent la raison et la contraignent d'admettre que l'état magnétique procure des sens nouveaux, des rapports nouveaux, des perceptions nouvelles, des facultés nouvelles, en un mot que l'homme moral s'est transformé, bien que ses organes n'aient subi aucune modification essentielle, que devant la supériorité de ce nouvel être doive se prosterner même l'homme de génie considéré à l'état de veille; alors nous aussi nous crierons au prodige, nous proclamerons les merveilles. Jusque-là, et tant que nous n'aurons vu que des faits analogues à ceux que nous avons rapportés, nous nous bornerons à considérer le somnambulisme artificiel comme un état physiologique à la vérité fort singulier, mais dépourvu de ces perceptions nouvelles et inconnues qui ne pourraient appartenir qu'à un être doué d'une organisation fort différente de celle de l'homme.

Mais tout en nous en tenant à ces mêmes faits de somnambulisme artificiel, encore sommes-nous forcé de convenir qu'ils sont fort extraordinaires, fort surprenants, et qu'il est très-difficile de s'en rendre compte d'une manière bien satisfaisante. Comment, en effet, trouver tout simple que le somnambule juge des formes, des couleurs, des distances, alors que l'appareil destiné à la vision est surchargé d'écrans opaques qui doivent totalement intercepter les rayons lumineux? Qu'il sente et accomplisse une volonté étrangère qui ne lui est exprimée ni par la parole, ni par des signes, ni par des attouchements ? Et cependant le rapport existe, puisqu'il y a perception, puisqu'on voit des actes extérieurs qui en sont l'expression incontestable.

Quel est donc alors le mode des rapports, et par quelle voie nouvelle s'accomplissent-ils ? Quelle est donc la modification survenue dans les fonctions du système nerveux ?

C'est ici que se présentent les difficultés ; et les diverses explications au moyen desquelles on a tenté de les résoudre nous paraissent peu admissibles.

Nous ne parlerons pas ici de ces extravagantes hypothèses émises par de certains adeptes qu'emportait la poésie de leur imagination jusqu'aux antipodes du bon sens et de la raison. Peut-on s'empêcher de sourire en entendant affirmer, sur la foi de quelques magnétisés assurément peu lucides, qu'il existe des intelligences supérieures qui, pendant le sommeil magnétique, entrent en relation avec le magnétisé, lui enseignent ce qu'elles voient, ce qu'elles savent ; lui dévoilent les secrets de la nature, et, si toutefois elles ne lui communiquent toutes leurs facultés, en font du moins un instrument passif qui nous traduit dans le langage de l'homme ou par des actes tout humains, ce qui est senti dans une organisation bien différente, éthérée sans doute et participant de la nature de la divinité ? Apprendrez-vous sans sourire aussi, que la scholastique va puiser un nouvel et péremptoire argument dans la découverte de ces intelligences supérieures, pour établir sur des bases irréfutables le dogme de l'immortalité de l'âme? Nous avons lu ces folies, et si notre mémoire nous servait mieux, nous en pourrions citer de plus excentriques encore.

III.

Passons à des discussions sérieuses.

M. Rostan, dans un article fort intéressant sur le magnétisme, publié il y a près de vingt ans dans le *Dictionnaire de médecine*, raconte les divers faits et expériences dont il avait été témoin et qui avaient détruit son scepticisme, sans toutefois l'avoir convaincu de la possibilité des prodiges que les enthousiastes de cette époque admettaient déjà si facilement; puis il cherche à les expliquer par une hypothèse dont voici le résumé. Il émane du cerveau une substance particulière qui détermine tous les phénomènes d'innervation. Cette substance, cet agent nerveux, qui tient de la nature de l'électricité, ne s'arrête pas aux muscles ou à la peau, mais forme encore une atmosphère nerveuse, une sphère d'activité semblable à celle

des corps électrisés. L'agent nerveux pénètre les corps solides, mais dans de certaines limites; de même que le calorique pénètre les corps solides diathermanes (1), et la lumière, les corps solides diaphanes; ce qui explique comment les somnambules sont influencés à travers les cloisons, les portes, etc., et comment l'interposition de ces corps n'empêche ni la magnétisation, ni la clairvoyance, etc. « Le mé-
» lange des deux atmosphères nerveuses, con-
» tinue M. Rostan, rend très-bien raison de la
» communication des désirs, de la volonté, des
» pensées même du magnétiseur avec la per-
» sonne magnétisée. Ces désirs, cette volonté
» étant des actions du cerveau, celui-ci les
» transmet, au moyen des nerfs, jusqu'à la
» périphérie du corps et au delà, et lorsque
» les deux atmosphères nerveuses viennent à
» se rencontrer, elles s'identifient au point de
» n'en former qu'une seule. Les deux indivi-
» dus n'en forment qu'un; ils sentent et pen-
» sent ensemble; mais l'un est toujours sous
» la dépendance de l'autre. »

Cette explication de M. Rostan, peut-être incomplétement ou inexactement résumée, mais

(1) Cette épithète est d'une création récente, et n'est pas employée par conséquent dans l'article de M. Rostan. Nous ne l'appliquons ici qu'afin de rendre avec plus de justesse et de précision l'idée de cet auteur.

qu'on trouvera clairement développée dans l'ouvrage que nous avons cité, nous paraît encore la plus satisfaisante parmi celles que nous avons jusqu'ici lues ou entendues. Sans doute elle offre, comme toutes les opinions, un côté faible à la critique. Cette hypothèse d'un agent nerveux dont l'existence positive n'est rigoureusement démontrée par aucune expérience anatomique, peut être repoussée, sans qu'on soit en droit d'accuser ceux qui ne l'admettraient pas d'inintelligence ou de mauvaise foi.

Mais ne pourrait-on expliquer les phénomènes du magnétisme sans partir d'une hypothèse qui ne repose sur aucune base certaine et incontestée? Nous allons nous hasarder à le faire, tout en prévenant nos lecteurs que nous n'avons pas la prétention d'avoir tranché ce nœud gordien. Nous conserverons le fond de l'explication de M. Rostan, tout en la présentant sous une forme nouvelle, sous un point de vue plus en harmonie avec l'état actuel de la science.

Il est généralement admis aujourd'hui qu'il existe dans tout l'espace occupé par l'univers visible, un corps d'une ténuité inimaginable, d'une parfaite élasticité, pénétrant tous les autres corps et agissant sur ceux-ci par ses mouvements ondulatoires, qui varient et s'entrecroisent dans tous les sens à l'infini. Les physiciens lui ont donné le nom d'éther ou de fluide éthéré. Les corps pondérables réagissent à leur tour sur l'éther, puis les uns sur les autres, selon l'état particulier qu'il leur a communiqué, leur constitution élémentaire et leur agrégation moléculaire. Le mode particulier des ondulations éthérées produit des phénomènes correspondants que nous désignons sous les noms ceux-ci de chaleur, ceux-là de lumière, les uns d'électricité, les autres d'électro-magnétisme. Ce qu'on appelait fluides impondérables n'est plus considéré proprement comme des agents existant réellement et doués de propriétés inhérentes à leur nature propre, mais comme autant d'états ondulatoires particuliers de l'éther, lesquels déterminent des effets que la constitution de nos organes nous permet de sentir et de distinguer.

Aucun corps n'agit sur un autre sans qu'il nous présente quelques effets d'ondulations éthérées, et l'on peut dire que tous les corps sont constamment dans une relation plus ou moins grande les uns avec les autres par l'intermédiaire de l'éther. Aussi, qu'une modification survienne dans l'une de ces trois conditions d'action et de réaction des corps que nous venons d'exposer, à savoir : l'état vibratoire particulier, la constitution élémentaire et l'agrégation moléculaire, et aussitôt nous reconnaîtrons que l'état vibratoire de l'éther et la réaction mutuelle des corps seront modifiés. Ces considérations sont assez comprises de ceux qui connaissent la théorie des ondulations éthérées, pour que nous ne soyons pas obligé de les justifier par des preuves qui abondent dès qu'on veut en fournir.

Tout corps est donc un centre d'action dont le mode et le rayon d'activité efficace sont en raison de la nature, de l'amplitude et de la longueur des ondes qu'il détermine sur l'éther qui le pénètre et repose à sa surface.

L'agent nerveux, le fluide nerveux, le fluide vital ou tout autre dénomination créée afin de désigner le principe en vertu duquel s'accomplissent les lois de la vie animale, toutes ces expressions, qui paraissent s'appliquer à un être réel, toujours présent et agissant ou capable d'agir, ne doivent donc être réellement considérées que comme désignant l'ensemble des différents effets vibratoires produits sur le système nerveux.

Lorsqu'une certaine excitation est produite sur un de nos organes, comment supposer qu'un agent va se charger de la transporter au centre du système nerveux, puis la ramener à la périphérie en lui faisant subir pendant toute cette circulation des modifications presqu'infinies, à chaque embranchement des rameaux nerveux, sans que la matière des tissus qu'il traverse soit un obstacle à son incalculable rapidité? N'est-il pas plus simple, plus vraisemblable, plus conforme à la loi générale qui règle le mode de propagation de l'action réciproque des corps, d'admettre que l'excitation n'a été recueillie et transmise qu'au moyen de vibrations produites sur le système nerveux et sur l'éther qui le pénètre, par un modificateur externe dont les conditions vibratoires étaient dans un certain rapport avec les facultés oscillatoires, avec l'excitabilité de la matière nerveuse?

Cette opinion paraît d'ailleurs entièrement justifiée par les travaux de M. Becquerel sur le rôle que joue l'électricité dans tous les phénomènes de la vie animale ou végétale. Or l'électricité, qui présente tant de rapport avec la lumière, et dont la vitesse de propagation dépasse plutôt qu'elle n'égale celle de la lumière, ne peut être supposée se propager d'une autre manière.

Cette opinion se fortifie aussi des savantes expériences de M. Melloni sur la lumière. Il est acquis aujourd'hui que toutes les radiations qui constituent le spectre solaire, soit lumière proprement dite, soit chaleur, soit action chimique, ne se propagent que par une série d'ondulations éthérées. Citons seulement ce passage du dernier mémoire de M. Melloni, si bien accueilli dans le cours de cette année par l'académie des sciences de Naples et par l'institut de France.

« La chaleur développée chez les corps frap-
» pés par les radiations, consiste dans la quan-
» tité de mouvement communiquée aux masses

» pondérables par les pulsations de l'éther ; la » lumière, dans les oscillations moléculaires de » la rétine et des objets extérieurs synchroni- » ques avec une certaine série des ondulations » éthérées ; et l'action chimique, dans la sé- » paration des atomes, causée par la violence » extrême avec laquelle ont lieu quelquefois ces » mêmes vibrations synchroniques des corps. »

D'après la théorie de M. Melloni, l'action des radiations solaires sur les corps, dans chacun des modes sous lesquels elles se présentent, dépend de l'excitabilité de ces corps, ou, pour parler son langage, de leurs propriétés oscillatoires, qui les rendent plus ou moins susceptibles de vibrer synchroniquement avec ces radiations.

Ainsi, par exemple, un corps est diaphane si sa constitution moléculaire lui permet de transmettre uniformément la totalité des éléments ondulatoires visibles du spectre solaire ; un corps opaque paraîtra blanc si sa constitution moléculaire lui permet de vibrer synchroniquement avec chacune individuellement des diverses ondulations visibles du spectre, lesquelles subiront à sa surface une diffusion dans le même rapport que celui qui constitue le rayon solaire lumineux. Il paraîtra sous une autre couleur si ce rapport a été altéré. Il sera noir si sa constitution moléculaire ne lui permet pas de vibrer synchroniquement avec ces ondulations visibles sans toutefois qu'il cesse absolument de vibrer; mais alors ces oscillations répondront à des ondulations invisibles pour l'homme, parce que le nerf optique est sorti de ses limites d'élasticité moléculaire; ce qui a lieu, par exemple, pour les ondulations qui constituent la chaleur et l'action chimique, que l'œil ne perçoit pas quoiqu'elles fassent partie du même faisceau de rayons solaires.

Remarquons ici que si M. Melloni prouve l'existence et explique le jeu des mouvements ondulatoires de l'éther pour le cas particulier des radiations solaires, ses expériences et sa théorie doivent s'appliquer généralement à toutes les espèces d'ondulations éthérées et à tous les modes d'oscillations moléculaires. C'est bien ici le cas de conclure du particulier au général.

Posons donc les trois axiômes suivants :

Les actions réciproques des corps ne s'exercent dans aucun cas sans le concours ou la présence d'un mouvement vibratoire particulier, qui est la cause ou l'effet des ondulations éthérées;

Nul corps n'est constitué de telle sorte qu'il ne puisse vibrer, ni déterminer sur l'éther la formation d'ondes en rapport avec son mode actuel de vibration;

Tous les corps sont en relation et agissent les uns sur les autres au moyen de l'éther; mais cette action s'affaiblit de plus en plus dans un certain rapport avec la distance qui les sépare.

De ces considérations générales passons à d'autres plus particulières à l'homme.

L'homme a la conscience de l'action des corps extérieurs sur lui-même. Il ne perçoit cette action, dans ses diverses formes, qu'à l'aide des divers appareils nerveux qui viennent s'épanouir à la surface du corps, lesquels sont chacun spécialement aptes à recevoir exclusivement un certain ordre de sensations.

Les modifications du système nerveux participent toujours de la nature des modificateurs externes, parce que les nerfs efférents n'ont d'autre rôle que de lui transmettre l'action de ces derniers, telle qu'ils l'ont reçue à leurs extrêmes épanouissements. Mais un agent externe ne peut-il absolument modifier l'état du cerveau qu'autant qu'il agit sur une partie toute spéciale du système nerveux, et exclusivement destinée à recevoir et à transmettre son influence? Ou bien faut-il, au contraire, admettre que cette action se transmet quelquefois par une autre voie que la voie ordinaire, lorsque les conditions d'excitabilité de l'organe spécial ne se trouvent plus remplies?

On est forcé de s'arrêter à cette dernière opinion dès qu'il demeure avéré qu'un somnambule perçoit des sensations de forme, de couleur, de rapports de distance, quoique privé de l'usage de l'appareil de la vision ; qu'un aveugle a le sentiment de la proximité d'un corps contre quel il se heurterait, si une impression toute particulière, émanée de corps qu'il ne voit pas, ne l'avertissait du danger; que dans l'ordre des chéiroptères, si rapproché de l'espèce humaine (et c'est pour cela que nous croyons pouvoir citer ici cet exemple), la chauve-souris vole dans les lieux les plus obscurs sans se heurter contre les murs d'un appartement ou contre les rochers qui tapissent de profondes cavernes. Nous ne mentionnons ici que quelques cas entre mille autres plus concluants.

Nous pensons donc qu'on doit regarder comme constant : 1° que l'excitabilité des nerfs périphériques est susceptible de modifications telles que d'autres organes peuvent se substituer aux organes spéciaux pour recevoir l'excitation, et la transmettre au système nerveux central; 2° que la magnétisation détermine de semblables modifications. Ce qui peut s'exprimer en ces autres termes : que la magnétisation procure au système nerveux périphérique un état et des propriétés vibratoires tels que les organes spéciaux cessent d'être exclusivement aptes à vibrer synchroniquement avec tels ou tels états oscillatoires des agents extérieurs.

IV.

Pour un scoliaste, la pensée est une entité dont la nature abstraite et insaisissable ne comporte pas de définition précise. Pour un physiologiste, la pensée est une réaction du système nerveux sur lui - même, et principalement sur son appareil central; c'est un état vibratoire de l'encéphale, composé de tous ou presque tous les mouvements oscillatoires déterminés sur le système nerveux; c'est la résultante formée par la composition de ces divers mouvements. Selon le rapport, l'harmonie, le nombre et la nature des mouvements composants, la résultante, la pensée, prendra un caractère différent.

L'homme qui pense, c'est-à-dire qui sent ou qui veut, ou bien qui sent et veut tout à la fois, est constitué à un état vibratoire particulier dont sa pensée est l'expression, et dont ses actes sont la manifestation extérieure.

Or l'appareil nerveux est, comme tous les corps vibrants, un centre de radiations ondulatoires qui s'étendent au delà de ses limites en se propageant par la voie de l'éther, et vont communiquer les mêmes mouvements vibratoires aux corps qui se trouvent compris dans le rayon d'activité efficace, et possèdent une élasticité moléculaire de nature à permettre le synchronisme.

On conçoit que le synchronisme puisse facilement exister si les deux corps entre lesquels s'établit cette relation sont presque identiquement et composés des mêmes éléments, et doués de la même élasticité moléculaire; si, pour mieux particulariser, c'est un système nerveux qui agit sur un autre système nerveux.

Mais si cette action ne s'exerce que par la voie de radiations ondulatoires émanées de la source vibrante, et si le mode et la nature de ces radiations expriment le mode de la pensée, il s'ensuivra que puisque les deux systèmes nerveux peuvent entrer en rapport de vibrations synchroniques, la pensée du premier sera transmise au dernier, et que si celui qui est la source de cette action, de ces radiations ondulatoires, vient à modifier son état vibratoire, il modifiera à son tour l'état oscillatoire de celui-ci, c'est-à-dire, il lui communiquera toutes les transformations de sa pensée.

Et remarquons ce qui se passe généralement dans la transmission de la pensée.

Le sentir précède toujours le vouloir, et celui-ci ne se manifeste qu'après avoir revêtu un certain mode que lui a imprimé le premier. En d'autres termes, on sent avant de vouloir, et la volonté prend le caractère du sentiment. De là la raison des deux ordres de nerfs qu'on distingue dans le système nerveux : les nerfs de la sensibilité et les nerfs locomoteurs, qui forment une circulation nerveuse dans laquelle on voit que la sensation marche de la périphérie au centre, et les actes de la volonté du centre à la surface.

Le sentir ne peut donc se transmettre que par le vouloir, c'est-à-dire par un mouvement ondulatoire divergent, qui, arrivé à son objet, se transforme en sentiment, c'est-à-dire en un mouvement ondulatoire convergent. La pensée, ainsi transmise, participe plutôt du sentiment que de la volonté; elle se réfléchit, il est vrai, sur les nerfs locomoteurs, et produit des actes de volonté; mais cette dernière manifestation est ordinairement peu énergique et produit rarement une réaction efficace sur l'agent, surtout si l'agent et le sujet sont dans des rapports de supériorité et de subalternité l'un vis-à-vis de l'autre. Nous en trouvons la preuve dans ce qui se passe entre deux individus considérés à l'état de veille. S'ils sont doués l'un d'une constitution morale puissante, énergique, l'autre d'un caractère faible, irrésolu, craintif, bien que sous d'autres rapports il soit pourvu d'une intelligence très-développée, on remarquera presque toujours que quand le premier commandera d'un ton ferme et décidé, le second obéira sans résistance. Or, telle est constamment et dans tous les cas la relation de supériorité et d'infériorité qui se produit dans le magnétisme, et qui exprime très-nettement comment se transmet la pensée du magnétiseur au magnétisé : le vouloir d'une part, le sentir de l'autre.

Il suffit donc que l'homme ait un vouloir profond, énergique, pour qu'il agisse sur son semblable, et y détermine des effets physiologiques en rapport avec ceux qui s'accomplissent en lui-même, lors même que ce vouloir ne se manifesterait pas par les organes extérieurs.

La magnétisation est le premier exercice de ce vouloir. Son premier effet est de communiquer aux diverses régions des nerfs de la périphérie, une aptitude plus générale à percevoir les différents modes du sentir.

Le magnétiseur sent et veut ; c'est-à-dire l'ensemble du système nerveux du magnétiseur, constitué à un certain état vibratoire, devient un foyer de radiations qui affectent les facultés oscillatoires du système nerveux du magnétisé, mis en rapport avec lui par la propriété qui lui a été communiquée de participer aux divers mouvements vibratoires du premier.

Le magnétisé sent ce vouloir et s'y soumet ; c'est-à-dire les radiations ondulatoires qui émanent de l'appareil nerveux du magnétiseur vont faire vibrer synchroniquement les nerfs périphériques du magnétisé, et ces vibrations, se propageant de la périphérie au centre de son système nerveux, y déterminent tous les effets complexes de vibrations qui constituent la pensée.

Il s'exécutera donc dans le système nerveux du magnétisé les mêmes mouvements oscillatoires que ceux qui rayonnent de la source vibrante qui agit sur lui. Mais si la nature de la perception consiste dans le mode des oscillations, peu importe que ces mêmes oscillations soient communiquées à l'encéphale par tel ou tel canal des nerfs efférents. L'essentiel, c'est qu'elles lui arrivent avec leur caractère particulier, et nous avons vu que la magnétisation avait pour effet de donner aux divers appareils nerveux de la périphérie une aptitude plus générale à recevoir et à transmettre à l'appareil central les différents mouvements vibratoires dont le système nerveux est susceptible. On comprend maintenant comment on a pu dire que les magnétisés voyaient, entendaient par l'épigastre, par les hypocondres, par les régions lombaire, dorsale, etc.

La pensée du magnétisé suivra donc les phases, es modifications de celle du magnétiseur; et remarquons que ce n'est là qu'un effet particulier de la cause générale de toutes les relations des corps.

On peut dès lors se rendre raison de tous les phénomènes de transmission de la volonté, tels que ceux que nous avons rapportés plus haut, ainsi que des phénomènes qui consistent en des rapports avec les objets extérieurs inanimés, car ces cerps sont également des foyers de radiations ondulatoires.

Quant à ces faits qui tiennent du prodige, et que, malgré les affirmations passionnées et enthousiastes de certains adeptes, nous sommes peu porté à accueillir, cette théorie, loin de les justifier, les ferait considérer comme impossibles. En effet, de ce que l'opération du magnétisme développe, dans les extrémités périphériques des nerfs de la sensibilité, une excitabilité telle que chaque organe individuellement devient apte à recevoir un ordre de sensation plus étendu, en ce qu'il s'accroît de celles qui affectent un autre organe dans l'état normal, il ne s'ensuit pas que l'appareil central devienne le sujet d'excitations nouvelles et jusque-là inconnues; qu'il perçoive des rapports avec les agents extérieurs que son organisation ne lui permet pas d'établir ; que les limites fixées à l'action des modificateurs externes soient reculées; en un mot, que les conditions d'élasticité moléculaire du système nerveux soient changées. Les rapports de l'homme avec le monde extérieur sont restreints entre de certaines bornes, en deçà et au delà desquelles il n'en existe plus pour lui, et c'est là précisément ce qui le rend imparfait et limite son intelligence. Ses perceptions sont la conséquence de la nature, du nombre et de l'étendue de ces rapports. Nous conviendrons, si l'on veut, que dans certains cas de somnambulisme ces rapports seront plus perfectionnés, mieux établis ; mais ils ne seront pas nouveaux en ce qu'ils affecteraient le sensorium d'impressions dont il n'était absolument pas susceptible pendant la veille.

Ainsi les rapports du moi au non-moi resteront les mêmes, bien qu'ils s'établissent par d'autres voies, peut-être plus sûres; l'encéphale ne recevra que les mêmes excitations, bien qu'elles lui soient transmises anormalement par un autre canal de nerfs efférents; les mêmes modes oscillatoires du système nerveux central, qui découlent de sa constitution et de son agrégation moléculaire, continueront de subsister, bien que les mouvements vibratoires des sources extérieures lui soient transmis par de nouveaux conducteurs. (Nous employons ici à dessein, et en les plaçant en regard les unes des autres, ces trois formes de langage, c'est-à-dire les formes psychologique, psysiologique et scientifique, afin de mieux faire comprendre toute notre pensée.)

La preuve en est que le somnambule le plus lucide ne possède et n'exprime aucune idée qu'il n'ait déjà ou ne puisse avoir dans l'état de veille; que s'il montre parfois des aperçus neufs et ingénieux, on ne voit là qu'un acte intellectuel dont la vie normale serait tout aussi bien capable; que le somnambule qui n'erre pas, qui n'extravague pas, est compris de ceux qui l'entendent, ce qui n'arriverait que fort rarement si son état particulier lui donnait la faculté de s'élever au delà des seuls rapports que l'organisation normale permet à l'homme d'embrasser; enfin que les révélations des somnambules n'ont encore pu agrandir d'un *iota* le cercle des connaissances humaines, par leurs productions, leurs inventions et leurs découvertes.

Ainsi, tant que les conditions d'excitabilité de l'encéphale n'auront pas changé, tant que son élasticité moléculaire restera comprise dans les mêmes limites, tant qu'il ne pourra par conséquent acquérir de perceptions nouvelles, de facultés nouvelles, le somnambule n'aura ni la prescience, ni la science infuse qu'on lui attribue, et pour établir son jugement sur quoi que ce soit, au lieu de procéder par intuition, il sera contraint d'user tant bien que mal de la forme syllogistique.

Sans infirmer d'une manière trop absolue leur possibilité, et jusqu'à ce qu'on nous en administre des preuves irrécusables, repoussons donc tous les faits qui tiennent du prodige, c'est-à-dire tous les faits qui sont en dehors du cercle de rapports tracés par le Créateur à notre organisation humaine.

Mais expliquons-nous sur le sens qu'on doit attacher au mot prodige. Le prodige est de deux sortes, absolu ou relatif. Absolu, en ce qu'il serait une dérogation aux grandes lois de la nature; relatif, en ce qu'il serait une dérogation aux lois organiques qui s'accomplissent d'une certaine manière dans chaque espèce d'être. Ainsi, par exemple, si l'on disait qu'un homme a eu des perceptions de sons fort au-dessus ou fort au-dessous du nombre de vibrations qui détermine les sons les plus graves ou les plus aigus; ou bien qu'il distingue des yeux les rayons chimiques ou les rayons calorifiques du spectre solaire, qui ne sont pas visibles, sans voir les rayons lumineux que nous apercevons; il n'y aurait pas là prodige dans l'acception absolue de ce mot, car il est fort probable que ces phénomènes ont lieu chez quelques êtres animés, et d'ailleurs ces effets vibratoires n'en existent pas moins, qu'ils soient sentis ou non par les organes de l'ouïe ou de la vue; mais il y aurait prodige en ce sens que le phénomène perçu ne se serait pas présenté dans les conditions qui conviennent à l'excitabilité de notre appareil nerveux; en ce sens qu'il y aurait eu dérogation aux lois organiques qui sont les conditions d'existence de l'espèce humaine; en ce sens que les limites d'élasticité moléculaire des tissus nerveux seraient posées ailleurs que dans l'universalité des cas. Ce ne serait plus qu'un fait de tératologie. Mais un fait tératologique de cette nature est-il possible ? C'est une question que nous laisserons à d'autres le soin de résoudre et dont la solution soit affirmative, soit négative, ne saurait infirmer les argumentations ci-dessus développées.

Notons bien que c'est seulement sur ces prodiges relatifs, qu'en présence d'un grand nombre d'affirmations plus ou moins suspectes à nos yeux, et dans un de ces moments où l'esprit est frappé et le jugement troublé, nous pourrions faire aux partisans du magnétisme la très-grande concession de n'être que sceptique. Mais quant aux prodiges absolus, jamais un esprit raisonnable n'admettra qu'il soit possible à l'homme, au moyen de quelque opération que ce soit, magnétique ou autre, d'apporter le plus léger trouble dans les lois qui régissent tous les corps matériels, tels que le mode de propagation du son, de la lumière, de l'électricité, etc. Ainsi, par exemple, si l'on disait qu'un magnétisé entend converser des personnes habitant un lieu fort éloigné de lui; ou bien qu'il distingue des objets situés à des centaines de lieues (comme nous l'avons entendu soutenir), nous répondrions : ceci est physiquement impossible; car, pour le premier cas, le magnétisé n'a pu percevoir les sons articulés que par la voie d'ondulations produites sur l'air atmosphérique, soit que cette perception lui arrive par l'ouïe, soit qu'elle lui parvienne par d'autres nerfs périphériques. Or l'onde sonore, après avoir subi une divergence aussi grande, ou est totalement détruite, ou est tellement affaiblie qu'elle ne peut absolument plus déterminer sur aucun de nos nerfs des vibrations qui soient l'expression de ces sons. Et pour le second cas, les radiations ondulatoires qui émanent de l'objet, qu'elles soient lumière, chaleur ou action chimique, ont dû nécessairement cesser d'être perceptibles, soit parce que la distance a trop affaibli l'intensité de leurs ondes, soit parce qu'elles ont été interceptées par la multitude d'écrans impénétrables pour chacune d'elles, qu'elles rencontrent sur leur route. On ne peut dire non plus que ces radiations soient de nature électrique et puissent par conséquent se propager à ces grandes distances ; car, d'après l'idée qu'on doit se faire d'un courant électrique établi entre deux points aussi éloignés, un conducteur continu est nécessaire, et, dans le cas en question, on n'en voit d'autre que la surface du globe, qui doit absorber et disséminer le phénomène électrique qu'on prétendrait être le moyen de relation.

Nous terminerons cet article, trop long sans doute, en rappelant que nous n'avons pas songé à faire un traité sur le magnétisme animal ; nous ne le connaissons que très-superficiellement et par un nombre de faits très-borné. Nous n'avons pas songé par conséquent à faire une théorie du magnétisme, dans laquelle, systématisant tous les faits magnétiques connus et bien avérés, nous donnerions la raison et le pourquoi de chacun de ces faits. Notre but a été plus modeste : nous n'avons cherché qu'à nous expliquer un point de physiologie qui nous avait fort embarrassé, à savoir : comment les rapports du moi au non-moi pouvaient s'établir lorsque les conditions normales de ces rapports n'existaient plus, lorsque les organes spéciaux cessaient d'être le siége de l'excitation produite sur les nerfs périphériques par les agents externes. Notre explication, bien que basée sur des données recueillies dans des autorités aussi imposantes que MM. Rostan, Becquerel et Melloni, peut être mauvaise; mais alors nous espérons que si quelque adepte du magnétisme, dont nous aurions froissé les croyances en posant des bornes aux facultés des magnétisés, nous honore par hasard d'une réfutation, il voudra bien s'attacher à prouver l'une de ces deux choses : ou bien que ces savants auteurs ont erré, ou bien que nos déductions sont fausses et illogiques.

Résumons ce petit écrit en quelques lignes.

Il est incontestable, 1° que les phénomènes magnétiques existent réellement; 2° que si les perceptions du sensorium, que si les idées n'ont pas changé de nature essentielle, du moins la sensation a marché de la périphérie au système nerveux central, par un autre canal de nerfs efférents que l'organe normal.

A ceux qui nieraient la première proposition nous répondrons : assistez à des expériences, examinez attentivement et consciencieusement, puis dites si le doute est possible.

A ceux qui nieraient la deuxième proposition nous nous bornerons à apposer ce seul fait, qui est constant, de la vision par la région ou occipitale, ou épigastrique, ou lombaire, ou hypogastrique, etc.

Ces deux points admis, nous avons cherché comment la relation du moi au non-moi s'établissait.

Nous avons alors constaté que cette relation n'existe qu'au moyen de la perception de certains modes de l'action réciproque des corps matériels les uns sur les autres; que cette action, dans tous les cas, se manifeste pour l'homme par de certains mouvements vibratoires que l'élasticité moléculaire des diverses régions de son appareil nerveux lui permet de sentir et de distinguer; mais qu'en dehors des limites d'élasticité moléculaire des tissus nerveux, l'homme ne perçoit plus rien, bien que cette action continue d'avoir lieu réellement et à son insu; que la singularité des phénomènes magnétiques consiste surtout dans la substitution anormale d'une certaine région de l'appareil nerveux à l'organe spécialement destiné, dans l'état de veille, à percevoir un ordre particulier de sensations; qu'il résulte peut-être de cette disposition nouvelle, de cette aptitude nouvelle du système nerveux, déterminées par la magnétisation, la possibilité, dans des cas très-rares et dont nous n'avons pas été personnellement témoin, d'établir des rapports plus étendus et mieux définis, mais à cette condition rigoureuse que les lois physiques qui régissent tout le monde matériel ne seront pas violées; que par conséquent tout fait qui impliquerait une contradiction dans ces lois est radicalement impossible.

Que si quelque fervent adepte du magnétisme venait à se récrier sur ce mot *impossible*, et à dire : l'homme ne sait pas tout ce qui est possible; beaucoup de lois naturelles lui sont inconnues, et il y aurait de l'aveuglement à soutenir que tel fait ne peut avoir lieu parce que la science humaine ne peut en rendre raison; nous serions en droit de répondre : vous ne nous avez pas compris; nous ne prétendons pas que les seuls faits possibles soient ceux que l'homme peut appréhender et s'expliquer; mais nous prétendons que lorsqu'une loi naturelle est bien connue, bien constatée, universellement admise, il est radicalement impossible de produire un fait qui tendrait à la détruire et à jeter des contradictions dans les œuvres de l'Être infiniment sage qui a organisé régulièrement l'univers.

Eug. D.

Ce petit écrit a donné lieu à une polémique que nous croyons devoir reproduire ci-après, afin de mettre nos lecteurs en état de juger tout le débat. Nous citerons textuellement l'article critique, à l'exception de quelques passages beaucoup trop élogieux pour nous, et qui, pour cette seule raison, nous semblent devoir être écartés. Nous terminerons par une réplique dans laquelle nous nous sommes surtout attaché à montrer que l'on ne saurait nous accuser, avec raison, de tendances au matérialisme.

SUR LE MAGNÉTISME ANIMAL.

Nous avons publié, dans nos quatre derniers numéros, un précis de M. Eug. D... sur le *magnétisme animal*. En ouvrant nos colonnes à cet opuscule, nous avons dû faire nos réserves quant à certains points qui choquaient nos convictions ; et tout en annonçant cette publication, nous avons désigné à nos lecteurs ce que nous entendions relever plus tard.

M. D.... admettant le magnétisme, nous n'aurons pas à discuter sur ce point fondamental, et nous laisserons passer beaucoup d'erreurs dans l'appréciation des faits, quand elles ne tireront pas à conséquence.

Mais nous relèverons quelques inductions qui présentent, selon nous, le double inconvénient de tendre assez directement au matérialisme, et d'égarer l'esprit du lecteur sur la nature et les effets du magnétisme. C'est sur ces deux griefs que portera notre discussion.

M. D... a pris tout d'abord ses coudées franches, en déclarant qu'il ne voulait pas s'astreindre à la nomenclature admise par les magnétiseurs, et qu'il emploierait les termes indistinctement et selon son bon plaisir. Nous ne le tourmenterons pas sur cette étrange liberté : cependant il eût été plus rationnel d'appeler d'un nom spécial chacun des états magnétiques.

L'auteur du *Précis* nous reprochera sans doute de nous être soustrait à l'alternative dans laquelle il voulait nous resserrer, ou de prouver que *les autorités sur lesquelles il s'appuie ont erré*, ou de démontrer que *les conséquences qu'il en tire sont illogiques*. Il nous sera facile d'écarter ce reproche :

1° Si nous avions la prétention de substituer un système à un autre, nous devrions sans doute battre en brèche celui de notre adversaire avant d'exposer le nôtre. Mais il ne s'agit nullement de cela, puisque nous sommes au contraire convaincu qu'il est impossible, dans l'état actuel, d'en établir un, faute d'éléments suffisants ;

2° Nous ne saurions prétendre que les inductions de M. D.... soient illogiques ; pourquoi nous en occuperions-nous ? La base étant mauvaise, et l'hypothèse étant donnée pour ce qu'elle est, chacun sent quelle peut être la valeur des inductions.

M. D... admet l'existence du magnétisme, et rapporte des expériences concluantes dont il a été témoin. Ici une importante réflexion se présente. Un homme, jusqu'au moment où on le rend spectateur d'une séance magnétique, révoque en doute la possibilité d'agir sur son semblable autrement que par les moyens connus de tout le monde, et basés sur l'usage affecté par la nature, ou plutôt par l'habitude, à chacun de nos sens. Il doute, parce qu'il sait que s'il admet un seul de ces faits dits *anormaux* ou *anomaux*, il n'aura plus le droit de nier les autres, quelque extraordinaires qu'ils lui paraissent. En effet, du moment où l'on a convaincu de fausseté les règles qui disent : *la vision a pour cause obligée l'image renversée des objets extérieurs formée sur la pupille, etc., etc., les saveurs ont pour cause obligée la présence des substances acides, amères, etc.; la pensée ne peut être communiquée qu'au moyen d'un acte sensible de nos organes, etc., etc.;* on sent que ces règles, établies dans un temps où on ne songeait pas à leur opposer une seule exception, aient pu être jusqu'ici respectées; mais qu'aujourd'hui, infirmées par des faits palpables, elles doivent être reléguées avec les bagages de la vieille science, avec les préjugés de l'ignorance. Eh bien! suffit-il qu'un homme de bonne foi soit allé se convaincre d'une dérogation quelconque aux lois dites naturelles? suffit-il qu'il ait ainsi dépouillé le respect qu'il leur porta jusqu'alors, pour pouvoir, immédiatement après, assigner le terme que peuvent atteindre ces dérogations?

Telle est pourtant la situation où se trouve M. D..., d'après son propre aveu. Il ne croyait pas au magnétisme : l'occasion se présente de voir des faits incontestables; il les voit avec toute la réserve que commande la charlatanerie habituelle des exploiteurs de sciences, avec toutes les garanties possibles contre le prestige et le compérage, puis il vient, sans autres éléments que le souvenir de résultats qu'il n'a pu apprécier que par la conduite extérieure des magnétisés, nous dire ce qui se passe dans leur intérieur, et comment il se fait que les grandes lois qui déterminaient, devant la raison de nos ancêtres, le possible et l'impossible, puissent cependant admettre des exceptions et s'anéantir en quelque sorte sous nos yeux plus clairvoyants. Nous reprocherons à M. D... de s'être laissé entraîner dans l'hypothèse de M. Rostan, et d'avoir perdu du temps à la corroborer de tous les secours de la physiologie; car ce que nous avons dit de la manie de systématiser s'applique à M. Rostan aussi bien et mieux peut-être qu'à aucun autre. D'ailleurs, et pour n'y plus revenir, quelle confiance mérite la supposition de cet illustre médecin? Tout juste celle que l'on accorde à un article de journal (1); journal scientifique, il est vrai, mais qui n'en est pas moins, comme les autres, obligé de remplir ses colonnes à jour fixe, de donner du nouveau à ses lecteurs, souvent sans avoir bien digéré ses productions. Et qui nous assure enfin que M. Rostan, partie au procès, ne nous ferait pas meilleur marché de son hypothèse que M. D...? Si M. Rostan a continué de s'occuper du magnétisme, il a dû modifier singulièrement son premier jugement, et comprendre, à la vue de phénomènes nouveaux et imprévus, combien il y avait lieu à examiner attentivement avant de formuler une théorie.

Après avoir été simple spectateur des faits magnétiques, M. D.... devait passer au rôle d'acteur, ce qui était très-facile; et c'est dans l'exercice actif d'une propriété que nous possédons tous, qu'il eût puisé, mieux que dans l'opinion d'un auteur, des idées sur la nature et le mode d'action du magnétisme. La pratique, modifiée suivant les cas, lui eût appris que certaines prédispositions idiosyncrasiques expliquent ce qu'il peut y avoir de merveilleux dans les résultats magnétiques pour lesquels il réclame le droit de conserver son scepticisme, après les avoir déclarés absolument impossibles. Il aurait été convaincu, après

(1) Notre adversaire se trompe ici. Ce n'est pas dans un *article de journal* que nous avons pris nos citations, mais dans le *Dictionnaire de médecine*, publié par les notabilités de la science médicale, et où M. Rostan a traité fort longuement l'article *magnétisme animal*. (Voir l'art. magnétisme animal, tome 13, page 421.)

E. D.

quelques exercices, qu'il est toujours temps de prendre la plume, que l'on tient à exprimer la vérité, et que l'on ne peut jamais être assez riche d'expérience pour formuler une opinion exclusive sur un sujet aussi neuf, sur des rapports aussi difficiles à bien saisir.

Nous ne suivrons pas l'auteur dans la partie scientifique de son ouvrage, celle où il s'appuie des données de la science pour analyser les faits magnétiques et distinguer le *possible* de l'*impossible*. « L'esprit d'analyse, » dit M. Ferry, est essentiellement juste et nullement » aventureux ; il s'arrête aux limites de la vision » distincte. » Or, qui a vu distinctement l'action des choses extérieures sur notre organisation ? La physiologie et la psychologie sont-elles d'accord sur ce point, et ont-elles déterminé nettement la nature et le mode d'action de cette entité insaisissable, et pourtant positive, que l'on désigne sous le nom d'*influence* ? Non.

Abordons maintenant le sujet qui nous occupe, et écartons d'abord l'accusation de matérialisme à laquelle l'écrit de M. D... pourrait fort bien donner lieu.

Selon nous, le magnétisme, en ce qui concerne le rôle passif du magnétisé, n'est qu'une application de la grande loi naturelle qui nous porte à désirer et à rechercher ce qui peut conserver notre existence ou nous procurer le bien-être, et qui nous a doués d'un *instinct* admirable pour aspirer en quelque sorte les causes extérieures qui peuvent y contribuer.

Expliquons-nous sur ce mot *instinct* qui, mal compris, pourrait nous aliéner la bienveillance de quelques lecteurs, en leur laissant croire que nous voulons appeler de ce nom les facultés intellectuelles de l'homme ; et pour nous faire bien entendre, disons que nous ne dérangeons rien aux définitions admises par les psychologues ; mais que nous reconnaissons chez l'homme, outre la faculté de raisonner qui distingue son espèce, l'instinct de sa conservation. Cette propriété, commune à tous les êtres animés, s'exerce chez l'homme à son insu, sans l'intervention de sa volonté, et par des organes dont le jeu est devenu visible au moyen du microscope. « Comme les papilles » nerveuses de la langue se redressent d'avance pour » savourer un mets exquis, dit M. Virey, de même » tout le système dermoïde et les rameaux nerveux » qui s'y épanouissent, s'érigent à l'approche d'un » contact ami ou désiré. » Voilà pour le magnétisme passif.

Quant au rôle du magnétiseur, tout ce qu'il nous semble possible d'établir actuellement, c'est qu'il est l'exercice d'une puissance que nous tenons de notre nature, puissance qui s'est révélée chez ceux qui l'ont voulu, et qui n'existe pas moins chez les autres, bien qu'à un état en quelque sorte rudimentaire. Nous n'apportons aucune preuve à l'appui de cette opinion ; elle est le fruit de notre propre expérience.

Sur la question de savoir quelle est la cause de l'action magnétique, et comment elle opère, nous ne saurions mieux faire, dans l'intention où nous sommes de garder une complète neutralité entre tous les systèmes proposés, que de reproduire partiellement un article écrit par M. Virey dans le *Répertoire des connaissances usuelles ;* article dans lequel le magnétisme est traité avec une parfaite impartialité, c'est-à-dire que l'auteur, tout en indiquant le bien que peut produire cet exercice, laisse suffisamment apercevoir au lecteur éclairé les abus qui peuvent en résulter.

« Tous les magnétiseurs sont persuadés que la volonté est le principal moyen d'accumuler l'influx vital et de le pousser dans un corps voisin, tout comme la volonté envoie dans nos muscles le pouvoir de les remúer. Or si cette volonté pousse le fluide nerveux à l'extrémité de ma main ou de mon pied, serait-il impossible qu'elle l'élançât au delà de ces membres dans un individu voisin? S'il est vrai, comme le disent Reil, Autenrieth, Humboldt et d'autres savants physiologistes, que les nerfs ont une atmosphère de sensibilité autour d'eux, si on jette des regards ardents de colère, d'amour, etc., dans ses passions, pourquoi ne transmettrions-nous pas des influences à d'autres personnes? N'est-il pas certain que la main d'un ami qui serre la vôtre fera une impression physique tout autre que la froide main d'un cadavre, ou quelque autre substance que vous toucheriez? On peut en attribuer l'effet à l'imagination sans doute, mais une flamme vivifiante n'y sera-t-elle pour rien? Si des miasmes imperceptibles à nos sens peuvent communiquer, par impression immédiate, une maladie contagieuse, pourquoi n'y aurait-il pas des contagions vitales? Qu'on mette en relation un vieillard débile avec des jeunes gens remplis d'ardeur virile, et dont le sang pétille dans les chairs, n'en ressentira-t-il point cette vive puissance qui le récrée et l'anime? tandis que si vous le placiez auprès de la carcasse froide et décharnée d'un misérable agonisant, vous l'entraîneriez évidemment dans la tombe. — Et si vous niez cette transmission, sinon des maladies, du moins de la santé, de la force vitale, je vous citerai l'exemple de la transmission de l'électricité galvanique de la torpille. Cette action ne se développe dans l'appareil des poissons électriques que par l'influence de leurs nerfs, comme l'ont expérimenté, à l'aide de leur section, Todd, Humboldt et H. Davy. Ces poissons agissent à distance, et dirigent à volonté leurs coups foudroyants. Après plusieurs décharges successives, ils sont épuisés de lassitude, et ne réparent leur énergie vitale qu'au moyen de la nourriture et du repos. Tous ces faits s'accordent parfaitement avec l'action galvanique qui se passe entre les nerfs et les muscles. — Nous pourrions rappeler encore les relations toutes puissantes entre les sexes en amour, et l'impression mutuelle qui s'opère involontairement par leur seul voisinage, malgré toutes les réserves qu'on s'impose. Qu'est-ce que les *attraits*, les *charmes*, même entre les animaux ? Comment le regard du chien menace-t-il la perdrix et l'arrête-t-il ? Qui ne sait tout l'empire des caresses, même de simple tendresse entre des individus de même sexe ? Je ne sais quel feu pénétrant affecte les régions du corps sur lesquelles on promène ou l'on approche seulement une main amie, et, pour ainsi dire, électrisée de toute l'énergie de la volonté. Aussi le magnétisé s'attache parfois à son magnétiseur comme à un être sublime dans sa bienfaisance. Pourquoi deux êtres, dans des rapports analogues, ne seraient-ils pas mus à l'unisson sous l'empire d'une transfusion uniforme du fort sur le faible ? Que ces effets soient dus à l'âme, à l'imagination, selon les spiritualistes ; qu'ils dépendent d'un fluide universel, comme le croient les mesmériens après Maxwel, Rob. Fludd, etc., il y a communication évidente et expansion à distance entre les êtres. — De même, la sensibilité concentrée sur un point par l'attention spéciale et habituelle, y développe une aptitude plus grande, comme l'oreille hérite, chez les aveugles, d'une activité prédominante.

Certaines maladies exagèrent ainsi l'excitabilité d'un organe aux dépens des autres, par une sorte de métastase intime ou d'irritation secrète. Dans les méningites, les surexcitations de l'encéphale, l'esprit s'élève parfois à un délire extatique qui fait prophétiser l'avenir ou deviner les remèdes nécessaires. Car notre instinct ne déserte jamais l'amour de la vie. Isolée des fonctions du dehors, dans le somnambulisme magnétique, dans le sommeil ou la méditation concentrée, cette force médicatrice acquiert une vue intérieure plus lucide, un tact plus délicat, une domination plus intense. Alors on lira au dedans de soi, on apercevra les embarras dans le jeu de nos fonctions par un sentiment spontané, comme on voit les brutes dirigées vers leurs remèdes par la plus conservatrice des inspirations, par la nature même, tutrice maternelle de toutes les créatures. — La concentration somnambulique est ainsi le résultat d'un abandon à son instinct interne; cet état est un repos heureux de l'âme, comme l'extaxe. Alors cette sensibilité profonde s'élève, pour ainsi dire radieuse, et commande à toutes les fonctions. C'est la vie du dedans, celle de l'appareil nerveux ganglionique ou du grand sympathique, qui parle quelquefois d'elle seule, ou plutôt qui inspire telle ou telle pensée au cerveau. De là vient que plusieurs somnambules ont cru entendre une voix partant des entrailles ou du ventre. La vie semble être alors toute rassemblée dans les lacis et plexus nerveux du grand trisplanchnique, et y appeler toutes nos facultés. On sait quelle est, en certaines circonstances, la sensibilité prédominante du centre phrénique près du cardia et du pylore; où Van Helmont plaçait son *archée*, où La Caze, Bordeu, Buffon, supposaient le foyer du sentiment et de la vie. C'est surtout vers le plexus solaire (ou médian, *opisto-gastrique*) que conspire la sensibilité des hypochondriaques, des hystériques et de plusieurs somnambules; c'est l'hypomochlion ou le point d'appui de l'instinct conservateur en nous, le centre auquel retentit le contre-coup de toutes les passions. »

> Idque situm mediâ regione in pectoris hæret :
> Hic exultat enim pavor; hæc loca circûm
> Lætitiæ mulcent.

Pour découvrir entièrement au public l'idée que nous nous sommes faite du magnétisme, le but dans lequel nous l'avons employé, les dispositions que nous y avons apportées, nous allons laisser parler le même auteur, dont l'article, avouons-le franchement, nous a paru, malgré sa brièveté, renfermer plus de bon sens et de vérité sur cet important sujet que nous n'en avons trouvé dans des traités complets, motif pour lequel nous en avons fait jusqu'à ce moment notre règle de conduite.

« Quoique le magnétisme puisse s'exercer en présence du monde, cependant il s'opère mieux hors de la multitude, toujours importune et gênante, des curieux ou des individus bruyants, qui détournent du recueillement d'esprit. Voilà pourquoi les personnes douces, sensibles, délicates, dans un réduit solitaire, donnent des résultats plus satisfaisants. Il faut aussi éviter le froid, qui crispe la peau. Les temps orageux ou électriques sont contraires au développement du magnétisme. Toutes les constitutions, même celles qui s'efforceront de le recevoir, n'en sont pas également susceptibles, quoique la bonne volonté soit la condition la plus désirable pour en être affecté. Il y a de ces chairs coriaces, de ces fibres dures qui ne se laissent ni pénétrer ni ouvrir : tels sont les corps très-pléthoriques, cuirassés ou plutôt matelassés de graisse, ou ces caractères sanguins trop dissipés; mais, ni les paysans, ni les soldats, malgré la dureté de leurs membres, ne sont incapables d'en ressentir les effets. Les personnes les plus susceptibles de cette animation sont les femmes, les constitutions grêles, minces ou sveltes, mobiles, énervées, faciles à s'affecter. Tels sont aussi les hypochondriaques et les mélancoliques, les enfants chétifs, les individus délicats et désolés d'affections chroniques, épuisés de fatigues ou de douleurs cruelles; les vieillards, les complexions excitables. Les filles hystériques sont particulièrement des *sujets magnétiques*. — Les magnétisants sont plutôt les hommes que les femmes, bien que celles-ci puissent opérer aussi sur d'autres personnes de leur sexe, et les mères sur leurs enfants. Pour obtenir une grande influence, le magnétiseur n'a pas besoin d'une complexion très-robuste; mais il faut qu'il soit sensible, entraînant, plein de zèle, d'une volonté ardente afin de transmettre l'action magnétique. Il ne doit point s'énerver par les jouissances, car l'énervation refroidit, affaiblit les puissances magnétisantes. Celles-ci se manifestent par les yeux, par le feu des regards, même sans la passion de l'amour, et entre des individus qui n'en sont pas susceptibles l'un à l'égard de l'autre. Cependant le magnétiseur n'aura rien de repoussant dans sa personne, rien d'affecté dans ses vêtements; il ne portera point d'odeurs. Un air de noblesse, de simplicité, lui siéra, ainsi qu'un âge mûr, un ton, soit affectueux, soit imposant. Pour opérer, vous n'aurez besoin que d'une *volonté active vers le bien, croyance ferme en sa puissance, confiance entière en l'employant.* Il n'est pas même nécessaire que le magnétisé ait de la foi dans votre pouvoir; il suffit qu'il ne s'y oppose point mentalement et se laisse opérer sans réserve, sans crainte, puisque l'intention n'est pas de lui faire du mal. Quant à la croyance, ne vous efforcez pas d'en avoir, puisqu'elle ne dépend pas de nous; les preuves arriveront si vous obtenez du succès, mais il faut de la persévérance et ne pas se décourager par les défauts de succès. Ayez toujours les yeux sur votre malade et non sur ce qui vous entoure; qu'il vous prête attention et évitez tout ce qui peut le distraire. Si le malade s'endort, vous pourrez l'interroger; s'il répond, il sera dans l'état somnambulique. Le pouls, chez quelques magnétisés, est plus élevé qu'à l'ordinaire, sans être fébrile. Je l'ai vu, au contraire, très-ralenti, et la langue devenir sèche. Ne magnétisez pas des personnes d'un état tellement supérieur au vôtre que vous soyez gêné près d'elles. Ayez plutôt l'ascendant que la crainte. Celle-ci, de même que la haine, décourage, empêche l'action magnétique, et vous ne pourrez rien opérer alors. Les magnétisés ne sont point comme des machines électriques qu'on puisse charger à volonté; le système nerveux est prodigieusement inégal dans sa mobilité. Souvent les individus, même bien portants, ne sont pas deux heures de suite dans la même disposition. »

Parmi les personnes qui ont pratiqué le magnétisme avec succès, et qui ont fait connaître leurs observations, nous distinguons M. Chardel, ancien député, conseiller à la Cour de cassation. Aucun écrivain, avant lui, n'a su assigner au magnétisme le rang qu'il doit occuper parmi nos connaissances; mais cet auteur, dans l'excellent ouvrage qu'il a publié sous le titre de *Physiologie psychologique*, a su lui donner une place convenable. M. Chardel est peut-être, de tous ceux qui ont écrit sur ce sujet, celui dont l'opinion mérite le plus de respect et de confiance, parce qu'il a, comme il le dit lui-même, beaucoup étudié, beaucoup pratiqué, et observé avec un soin scrupuleux; son ouvrage, dont nous recommandons la lecture à tous les esprits profonds, prouve d'ailleurs qu'il a apporté dans l'étude des graves questions que renferme son titre, tout ce que la science philosophique la plus consommée peut fournir de lumières à la physiologie. Voici comment M. Chardel explique les phénomènes magnétiques, que d'autres, moins compétents assurément, nous présentent tout simplement comme un jeu anormal des organes, comme le résultat d'un dérangement dans la machine humaine, propre à appeler la pitié sur ceux chez qui s'opèrent ces phénomènes.

» Notre existence sur la terre se partage entre l'inertie matérielle du corps et l'activité spirituelle de l'âme; nous devons nos sensations au fluide nerveux qui appartient à l'organisation, et nos mouvements à la vie spiritualisée dont la volonté dispose. C'est ainsi que les relations entre le physique et le moral se balancent ordinairement. Mais cet ordre change en arrivant à l'état lucide, et, dès que l'agent de la volonté a formé une affectibilité susceptible de recevoir les impressions qu'il lui apporte, l'empire de l'âme sur l'existence terrestre s'accroît et la rapproche de la spiritualité.

» Dans la vie ordinaire, nous recevons des rayons solaires l'image des objets, et nous voyons passivement; mais, dans l'état magnétique, les somnambules lucides voient activement, par un acte de leur volonté, qui consiste à disposer de la lumière de leur vie pour aller chercher des images et les rapporter à leurs yeux. Un cercle lancé devant vous en l'air revient en arrivant à terre, et roule à votre rencontre quand il a reçu, au départ, deux impulsions opposées : il en est ainsi du fluide vital; la volonté l'envoie et le rappelle en même temps, avec l'activité de la pensée agissant sur une modification de la lumière. Cette manière active de voir appartient tout entière à l'action spirituelle, et s'éloigne des habitudes du monde des corps. Un somnambule, qui s'élève dans la lucidité, ne cherche bientôt plus la situation matérielle des personnes; il les éclaire là où sa pensée les saisit; car la lumière de sa vie suit sa volonté, et illumine à l'instant tout ce qui fixe son attention. On conçoit que les obstacles et les distances disparaissent alors. L'âme ne s'en inquiète plus; elle se livre naturellement à ce nouveau mode d'investigation, et paraît ne faire en cela que recouvrer un genre d'action qui lui est propre, et que le relâchement des liens de la vie vient de lui rendre. Demandez à un somnambule comment il voit malgré les obstacles et la distance, il vous répondra qu'il voit parce qu'il le veut. Il ne s'inquiète pas comment il a pu acquérir cette faculté; mais il sent qu'il est de la nature de son être spirituel de voir ainsi. Madame Lagandré en état magnétique voyait le corps animé de sa mère, et malgré la distance et la séparation, elle suivait, pendant l'autopsie, le bistouri de l'opérateur, parce que l'énergie de ses sentiments donnait à son action spirituelle une grande supériorité de son physique. »

M. D.... a voulu faire du magnétisme une simple question de physiologie : c'est, à notre avis, abaisser un peu trop les fonctions de l'intelligence agissant sur une autre intelligence sans le secours d'aucun organe sensible, que de ranger son action dans le domaine des sciences physiques. Quelque sagacité qu'aient pu mettre les savants à découvrir le jeu des appareils nerveux, la matière seule a pu être l'objet de leurs investigations; quant aux choses qui regardent l'intelligence pure, Dieu merci, ils ne sont pas encore parvenus à les rendre perceptibles pour nos sens. Nous ne faisons pas à nos célèbres (presque tous matérialistes, il faut le dire), une guerre de mots; nous les laissons attribuer l'action magnétique à l'effet d'un fluide, quisqu'il leur faut absolument une cause matérielle; mais sous réserve que ce fluide auquel ils attachent une si grande importance ne sera pas tout à la fois la cause et l'effet, et qu'en définitive l'âme ne sera pas supplantée par la matière nerveuse ou confondue avec elle.

Pour fixer nos lecteurs sur la valeur de cette tendance au matérialisme qui caractérise la plupart de nos sommités scientifiques, nous leur citerons une seule de nos expériences, dont nous garantissons la véracité.

Deux magnétiseurs, dont l'un plus habitué que l'autre à cet exercice, sont devant une malade, et formulent chacun une volonté contraire, l'un de l'endormir, l'autre de la tenir éveillée. En moins d'une demi-minute, la malade, dans l'impossibilité de soupçonner ce qui avait été convenu entre les magnétiseurs, dit d'un ton résolu : « je sens clairement que » vous voulez deux choses contraires ; l'un de vous » veut que je dorme, et l'autre s'y oppose ; celui » qui veut m'endormir agit plus énergiquement que » l'autre, et je reconnais à cette supériorité l'action » de M. N.... » La magnétisée disait vrai, et cela avait lieu toutes les fois qu'on la mettait dans le même cas. Nous nous adressons au bon sens de nos lecteurs : lequel d'entr'eux verrait ici autre chose qu'un acte purement intellectuel ?

Nous croyons donc qu'il y a, chez certains magnétisés, solution de continuité dans les relations entre le physique et le moral, et par suite action directe d'une volonté étrangère sur leur volonté, sans le secours des agents matériels, indispensable dans l'état de veille. L'âme s'isole ainsi pour correspondre plus librement avec une autre intelligence dont elle subit la loi. Ceci, nous avons soin de le répéter, n'est point un système que nous présentons, mais une conviction personnelle que nous n'entendons imposer à personne.

Si nous repoussons avec énergie le reproche de matérialisme, nous sommes en cela d'accord avec la plupart des magnétiseurs. Malgré cette conformité d'opinions, il en est quelques-uns avec lesquels nous n'acceptons aucune solidarité dans les conséquences, parce qu'ils ont également fait fausse route. L'un d'eux, entr'autres, après un assez bon traité du magnétisme qu'il a pratiqué avec des succès remarquables, arrive, par une pente attrayante, à la métempsycose. Nous croyons, et sans vouloir ici faire le bon apôtre, que le magnétisme et toutes ses conséquences n'ont rien d'incompatible avec les dogmes de la religion catholique dans toute sa pureté; qu'un magnétiseur de bonne foi ne saurait nier l'existence de l'âme et conséquemment son immortalité. Disons plus, nous n'hésitons pas à croire, avec les auteurs de la *Biographie des contemporains*, que le pieux Greatrakes, le curé Gassner, l'abbé prince de Hohenlohe, étaient des magnétiseurs thaumaturges.

Le précis de M. D.... nous a fourni l'occasion de jeter à la hâte quelques mots sur une pratique (nous n'osons pas encore dire science) à laquelle nous avons consacré avec bonheur quelques rares instants, et que nous voudrions voir plus répandue, parce que nous la croyons appelée à rendre d'importants services à la médecine. Déjà même, encouragé par des succès inespérés dès notre début, nous avions sous l'influence d'un enthousiasme bien naturel, tracé le plan et écrit les premières pages d'un ouvrage destiné à faire passer dans le peuple les notions essentielles du magnétisme et le compte rendu de nos expériences. Toutefois nous avons senti qu'il convenait de laisser s'écouler un premier élan, et d'accumuler les faits par une pratique plus suivie, afin d'en tirer de justes inductions.

RÉPONSE A L'ARTICLE PRÉCÉDENT.

Monsieur le Rédacteur,

Je viens de lire dans votre numéro du 10 décembre une critique du petit écrit sur le magnétisme animal, que j'ai publié récemment par la voie de votre journal.

Si l'auteur de la critique veut bien me permettre de lui exprimer franchement mon sentiment, je lui dirai qu'il a laissé entières toutes mes propositions et argumentations. Rien n'est réfuté. Il s'est contenté d'exposer soit ses idées particulières, soit celles de quelques auteurs, sans entrer sérieusement dans une discussion dont l'objet eut été d'établir que j'avais bâti un système faux, appuyé sur des bases erronées ou sur des déductions illogiques. Je n'ai pas annoncé l'ambitieuse prétention de résoudre toutes les difficultés du magnétisme animal. L'explication que j'ai donnée de ses phénomènes généraux peut fort bien être inadmissible; mais, pour le prouver, il aurait fallu s'attacher corps à corps à mes raisonnements, renverser l'échafaudage qu'avec leur secours j'avais construit, et, puisque ce critique ne souffre absolument aucune théorie, selon lui prématurée, sur le magnétisme, il devait surtout ne pas commettre l'inconséquence d'invoquer à l'appui de ses idées personnelles les théories plus ou moins rationnelles de MM. Virey et Chardel.

Passons donc légèrement sur cette critique qui n'a effleuré que la surface sans aborder au fond. Je tiens à relever ici un passage d'une portée plus grave. Il accuse *mes inductions de tendre assez directement au matérialisme*. Voyons si en effet elles ont mérité cette accusation.

Qu'entend-on par matérialisme ? C'est, je crois, cette doctrine qui ne reconnaît que la matière et lui attribue la propriété de tirer d'elle-même toutes les lois qui gouvernent les diverses agrégations de ses atômes. Pour un matérialiste, la matière EST *parce qu'elle* EST ; son principe est en elle-même ; ses transformations, ses actions diverses de région à région sortent d'elle-même sans qu'aucune puissance étrangère, quelle qu'elle soit, la soumette à son influence, la range sous sa domination.

Or, je me hâte de le proclamer, ces idées sont en complète opposition avec les résultats de l'observation attentive des lois naturelles. La matière, par elle-même, est inerte ; c'est un axiôme universellement admis et qu'on ne peut nier sans vouloir attaquer toutes les notions acquises et consacrées en mécanique. Toutes les formules de statique et de dynamique, qui, dans la pratique, conduisent à des résultats si précis, si rigoureusement exacts, croulent par leur base du moment où cet axiôme n'existe plus. Si nulle personne sensée ne peut contester l'inertie de la matière ; si, d'un autre côté, nous sommes forcés de reconnaître que la matière est pourtant soumise à des forces actives qui pénètrent chacun de ses atômes et les entraînent dans leur direction ; qui les éloignent ou les rapprochent, les isolent ou les combinent, il faut, comme conséquence nécessaire, qu'à côté de ce sujet tout passif que nous appelons MATIÈRE, il y ait un agent moteur dont l'existence se manifeste par la PUISSANCE.

Je ne dirai pas que la *Matière* est un des modes que la *Puissance* revêt pour frapper nos *sens* tandis que l'essence de cette dernière se révélerait seulement à notre *intelligence;* que l'agent et le sujet sont pour nous deux modalités du même être. L'homme ne sait rien sur toutes ces choses. Dans toutes les religions et chez tous les peuples on a constamment distingué la *matière* de la *puissance* qui l'anime, bien que celle-ci ne nous apparaisse jamais sans être escortée de la première. Tenons-nous en là; le plus sage est de ne rien confondre, de ne rien distinguer. Au surplus toute discussion dans cet objet me semble oiseuse dès lors qu'il faut de toute nécessité reconnaître que l'univers est régi par une puissance intelligente.

Ai-je donc avancé quelque proposition, tiré quelque conséquence qui impliquât la négation de cet être supérieur à tous les êtres, de cette puissance qui a soumis tout le monde matériel à ses lois régulières et immuables? Loin de là, j'ai fortifié de cette majestueuse autorité toutes mes démonstrations; j'ai soutenu qu'il était déraisonnable de supposer *des faits qui dérogeassent aux lois naturelles et jetassent ainsi des contradictions dans les œuvres de l'Être infiniment sage qui a organisé régulièrement l'univers.*

A celui qui me niera l'existence d'un Être infini en grandeur et en puissance, je dirai : « Gravissons » cette montagne et du milieu de son horizon étoilé

» plongeons nos regards dans l'immensité des cieux. » Examinons ces corps lumineux qui, à l'instar de » notre globe, tracent dans l'espace un vaste cercle » autour du soleil. Voyons plus loin ces globes de » feu dont le plus proche est situé à plusieurs mille » milliards de lieues, et dont les plus éloignés, si- » tués aux confins de l'univers visible pour l'homme, » sont séparés de nous par des distances si prodi- » gieuses que leur lumière, qui parcourt 70,000 » lieues par seconde, emploie des milliers d'années » à parvenir jusqu'à notre terre. Le génie le plus » étendu ne peut se faire une idée, tant soit peu » précise, de tout l'espace compris entre ces astres » les plus extrêmes. Et pourtant dans cet immense » champ des cieux, parmi ces myriades innombra- » bles de soleils, partout règnent l'organisation, l'ordre, » l'accomplissement de lois uniformes et invariables. » Un lien invisible unit tous ces mondes si éloignés » les uns des autres. Ici quelques-uns, formant » un système planétaire, circulent régulièrement au- » tour d'une masse centrale qui détermine leur or- » bite ; plus loin ces systèmes constituent à leur tour » d'autres systèmes de plus en plus vastes et com- » pliqués qui roulent harmoniquement autour d'un » centre plus général en décrivant d'incommensurables » orbites. Dites si cette œuvre gigantesque et mer- » veilleuse a été enfantée par un hasard aveugle, » ou bien si une main puissante, dirigée par une » sagesse infinie, n'a pas organisé ce pompeux cor- » tége des corps célestes, créé les chaînes qui les re- » tiennent à des distances déterminées, animé leur » masse et allumé ce magnifique incendie de l'es- » pace !

» Descendons maintenant de quelques degrés sur » cette échelle de l'infini. Armons notre œil d'une » lunette d'un pouvoir très-amplifiant et regardons » ce qui se passe dans cet océan suspendu à la pointe » d'une épingle. Des légions de monstres de toutes » formes apparaissent à l'observateur étonné de cette » prodigieuse divisibilité de la matière dont les sub- » tils atômes s'agrègent dans des rapports de juxta- » position si parfaits qu'un point matériel, impercep- » tible à l'œil nu, renferme un système complet » d'organisation animale. Parmi ces monstres curieux, » quelques-uns sont doués d'organes dans lesquels » on voit s'accomplir les phénomènes ordinaires de » la vie animale, et souvent, au milieu d'une course » rapide, ils se transforment (1) soudainement » pour prendre l'aspect d'individus tout nouveaux. » Est-ce donc dans l'inerte matière que réside le » principe de ces divers arrangements moléculaires, » de ces transformations variées à l'infini? Ne doit-on » pas plutôt les rapporter à l'action incessante d'une » puissance essentiellement organisatrice? Dans tous » les phénomènes qu'il nous est donné d'observer » sur cette échelle de l'infini, soit que nous consi- » dérions des organisations pour ainsi dire atomiques, » soit que nos regards s'élèvent vers ces systèmes » de masses énormes qui roulent dans l'espace, par- » tout et toujours nous retrouvons cette même puissance » réglant le vaste ensemble ou les plus petits détails » de l'univers créé et visible pour nous. Et l'on » oserait nier l'Être infini, la Puissance infinie, la » Sagesse infinie! Et l'Être suprême serait outrageu-

(1) Les protées.

» sement méconnu de l'homme qu'il a convié au spec-
» tacle d'une partie de ses merveilles ! Si quelques-uns
» ont nié, si d'autres ont douté, plaignons ces tristes
» aberrations de leur raison troublée, et condamnons,
» réprouvons leurs doctrines insensées. »

Voilà à peu près comment je parlerais à ces matérialistes parmi lesquels l'auteur de la critique me range fort gratuitement. Et s'il se trouvait alors à côté de moi un de ces partisans trop enthousiastes du magnétisme qui admettent si facilement toutes les impossibilités, j'ajouterais en m'adressant particulièrement à lui : « Pensez-vous que le Créateur ira se contredire
» en modifiant ou suspendant les lois de la création
» toutes les fois qu'il vous plaira de faire naître un cas
» magnétique ?

L'auteur de la critique m'adresse un autre reproche que je me loue d'avoir mérité. *Après avoir été simple spectateur des faits magnétiques, M. D.... devait passer au rôle d'acteur,* etc. Bien des motifs m'ont empêché de magnétiser. D'abord, je n'ajoute pas fois aux facultés surnaturelles des magnétisés. En second lieu, aucune des expériences auxquelles j'ai assisté ne m'a autorisé à croire que l'on puisse tirer d'un magnétisé quoi que ce soit de bon et d'utile ; enfin, ces pratiques me semblent présenter des dangers de plus d'une sorte.

Celui qui est pénétré de cette bizarre idée que le magnétisme est appelé à amener une heureuse révolution dans l'humanité, qu'il doit nous montrer la cause, jusqu'ici énigmatique, d'une foule de phénomènes qui frappent nos sens sans arriver à notre raison ; qu'il étendra, sur d'importants objets, nos connaissances actuelles ; nous indiquera le siége et le genre de l'affection qui aura troublé l'équilibre des fonctions de nos organes, ainsi que l'agent thérapeutique propre à arrêter ses effets désorganisateurs, celui-là, s'il a magnétisé, a trouvé son excuse dans son opinion, dans le but respectable mais fort imaginaire auquel il aspire. Mais moi qui n'attribue pas tant de puissance au magnétisme; qui ne le considère que comme un sujet de curiosité; qui ne vois dans un magnétisé qu'un malade à peu près semblable aux somnambules, aux cataleptiques, aux hystériques, aux extatiques, aurais-je le droit, pour satisfaire une curiosité que je crois vaine dans son objet et stérile en résultats avantageux pour personne, oui, me croirais-je le droit d'exercer sur mon semblable cette redoutable influence qui provoque des convulsions et des crispations, détermine la plus absolue sujétion vis-à-vis du magnétiseur, pervertit les fonctions des organes, peut créer de fâcheuses prédispositions, et ne laisse après elle, comme résultat incontestable, que la pâleur, l'altération des traits et une inquiète mélancolie?

Veuillez, Monsieur le rédacteur, insérer cette réponse dans votre prochain numéro et agréer l'assurance de ma considération très-distinguée.

EUG. D...

www.ingramcontent.com/pod-product-compliance
Ingram Content Group UK Ltd.
Pitfield, Milton Keynes, MK11 3LW, UK
UKHW020413230726
13925UKWH00004B/1409